Armin Täubner

Tanz ins Frühjahr

Mobiles aus Tonkarton

frechverlag

Bunte Falter (Abbildung Seite 1)

Für das Flügelpaar des Schmetterlings ritzen Sie ein Kartonrechteck (12 cm x 16 cm) in der Mitte an und klappen es zu einer Doppelkarte (12 cm x 8 cm) um. Legen Sie die gerade Seite der Flügelschablone so auf die Doppelkarte, daß sich die gerade Seite (Strich-Punkt-Linie) direkt an der Faltkante befindet. Zeichnen Sie den Umriß mit Bleistift nach, und schneiden Sie das Flügelpaar aus. Der Rumpf wird aus einem schwarzen Kartonquadrat (12 cm x 12 cm) ebenso gearbeitet.

Nun wird der Rumpf auf das Flügelpaar geklebt. Verzieren Sie die Flügel mit schwarzen Klebepunkten (ø 8 mm). Kleben Sie die Veilchen und zwei Falter auf die Grünfläche. Zwei weitere Schmetterlinge werden untereinander darangehängt.

MOTIVHÖHE: ca. 50 cm

Fotos: frechverlag GmbH + Co. Druck KG, 70499 Stuttgart; Fotostudio Täubner

Dieses Buch enthält: 2 Vorlagenbogen

Auflage: 5. 4. 3. 2. 1. | Letzte Zahlen
Jahr: 2003 2002 2001 2000 1999 | maßgebend

frechverlag GmbH + Co. Druck KG, 70499 Stuttgart

ISBN 3-7724-2425-2 · Best.-Nr. 2425

Druck: frechverlag GmbH + Co. Druck KG, 70499 Stuttgart

Mobiles

Schon beim kleinsten Luftzug erwachen die Mobiles zum Leben. Die bunten Figuren beginnen, sich im Wind zu drehen. Schmetterlinge und Hummeln umfliegen bunte Blüten, Marienkäfer und Entchen tanzen einen Reigen, Hühner umkreisen ihre Eier, und die Osterhasen bemalen und verstecken Ostereier.
So kommt garantiert Frühlingsstimmung auf!

Alle Motive werden aus Tonkarton gearbeitet und teilweise mit Dekoteilen aus Holz verziert.
Die Figuren können entweder an Holzstäben oder an Bügeln aus Tonkarton befestigt oder einfach untereinander aufgehängt werden.
Vielleicht mischen Sie die Motive auch miteinander.
In jedem Fall kommt mit den Mobiles neuer Schwung in Ihre Wohnung.

Arbeitsschritte

1 ●●●

Übertragen Sie alle Motivteile ohne Überschneidungen auf Transparentpapier. Markieren Sie auch die Aufhängelöcher. Das Transparentpapier wird auf einen dünnen Karton geklebt.

2 ●●●

Schneiden Sie die Teile mit einer Schere oder einem Cutter aus. Das sind Ihre Schablonen. Vergessen Sie nicht, die Aufhängelöcher einzustechen.

3 ●●●

Legen Sie die Schablonen auf den Tonkarton der gewünschten Farben. Die Umrisse werden mit einem Bleistift nachgezogen.

4●●●

Nun werden die Teile exakt ausgeschnitten.

5●●●

Zum Schluß werden die ausgeschnittenen Teile zusammengeklebt und die beweglichen Teile mit Fäden aufgehängt.
Damit Vorder- und Rückseite identisch sind, werden die meisten Teile doppelt ausgeschnitten und in derselben Reihenfolge wie auf der Vorderseite, jedoch spiegelverkehrt, angeklebt.

Augen

Fast sämtliche Augen in diesem Buch sind schwarze und weiße Klebepunkte (ø 8 mm und 12 mm). Diese selbstklebenden Punkte sind im Fachhandel in verschiedenen Farben und Größen erhältlich und ersparen Ihnen viel Arbeit.
Damit die Augen lebendiger wirken, können noch mit einem weißen Lackstift Lichtreflexe aufgemalt werden. Klebepunkte in verschiedenen Farben werden auch für andere Dekorationen verwendet.

Entchen mit Tulpe

Gehen Sie so vor, wie auf Seite 4/5 beschrieben.

MOTIVHÖHE: ca. 34 cm

Entchenreigen unter Glockenblumen

Die Glockenblumenblüten und die dreizackigen Kelchblätter werden jeweils 14mal ausgeschnitten und in einer bestimmten Reihenfolge auf die grüne Aufhängung geklebt (s. Vorlagenbogen).

Am Entchenrumpf werden beidseitig Schnabel, Flügel und Füße angebracht. Die Augen sind schwarze und weiße Klebepunkte (ø 8 mm und 12 mm).

MOTIVHÖHE:
Glockenblumen ca. 12 cm
Entchen ca. 15 cm

Osterhase mit Halsschleife

Beginnen Sie mit dem Aufkleben der weißen Ohrinnenflächen und der Brust-Bauchfläche. Es folgen das Hasengesicht mit den Klebepunktaugen (ø 8 mm und 12 mm) und die Schleife.

Die Eier werden, ebenso wie die Schleife, aus gepunktetem Tonkarton ausgeschnitten.

MOTIVHÖHE: ca. 28 cm

Häschen mit Tulpen unter Wolke

Zum Vorgehen orientieren Sie sich bitte an der Anleitung auf S. 4/5.

MOTIVHÖHE: ca. 28 cm

Was machst du da oben?

Für den Rahmen zeichnen Sie mit dem Zirkel um denselben Mittelpunkt zwei Kreise mit den Radien 10,5 cm und 14 cm. Schneiden Sie den Rahmen aus.
Am Schneckenrumpf wird beidseitig das Schneckenhaus angeklebt. Setzen Sie das Küken auf das Schneckenhaus. Erst jetzt werden auf beiden Seiten die roten Füße angebracht.

Die Augen von Schnecke und Küken sind schwarze Klebepunkte (ø 8 mm). Dem Küken wird noch beidseitig der Schnabel angeklebt, während der Schnecke noch der Mund mit Filzstift aufgemalt wird.

MOTIVGRÖSSE: ø ca. 28 cm

Schmetterlinge und Narzissen

Verwenden Sie zum Abpausen des runden Rahmens einen Zirkel. Ein kleines Kreuz auf dem Vorlagenbogen markiert die Einstichstelle.
Nach dem Ausschneiden werden zuerst die beiden Schmetterlinge in den Rahmen gehängt.

Anschließend bringen Sie die Narzissenblüten an. Als Blütenmitte dienen rote und gelbe Klebepunkte (ø 12 mm und 18 mm).

MOTIVGRÖSSE:
ø ca. 23 cm

Küken in Grasnestchen

Die Küken werden dreimal, die Nestchen sechsmal benötigt. Damit jeweils zwei Nestchen exakt gleich groß sind, zeichnen Sie den Umriß auf ein Stück grünen Tonkarton, legen ein zweites Stück darunter und heften beide mit dem Tacker mehrfach außerhalb des Nestchens zusammen.

Wenn Sie jetzt das Nestchen mit dem Cutter ausschneiden, sind beide Teile identisch. Kleben Sie ein Küken zwischen zwei Nestchen. Der Schnabel wird mit Filzstift rot angemalt, dann werden die Augen (Klebepunkte, ø 8 mm) und die Flügel angeklebt. Auf dem Gras werden noch Ostereier angebracht.

MOTIVHÖHE: ca. 30 cm

Darf ich bitten?

Zeichnen Sie mit dem Zirkel den runden Rahmen auf weißen Tonkarton. Ein Kreuz markiert die Einstichstelle.
Das gelbe Rumpfteil ist bei beiden Küken identisch. Alle anderen Teile werden doppelt ausgeschnitten und beidseitig am Rumpfteil angeklebt.

Die Augen sind schwarze Klebepunkte (ø 8 mm). Die Radien des Ringes sind 8,8 cm und 11,5 cm. Der Abstand der oberen Aufhängelöcher voneinander beträgt 2 cm, der der unteren Aufhängelöcher 7,3 cm.

MOTIVGRÖSSE:
ø ca. 28 cm

• Häschen und gepunktete Eier •

(Abbildung Seite 15)

Den weißen Häschen werden die Gesichter aufgemalt und beidseitig jeweils eine rote Deko-Schleife aufgeklebt.
Für jedes Ei muß die Eiform dreimal ausgeschnitten werden. Bei einem Eiteil markieren Sie beidseitig mit einem Bleistift die Mittellinie und stechen das Aufhängeloch ein. Nun wird der Faden angeknotet. Die beiden anderen Teile werden entlang der gestrichelten Linie angeritzt, umgeklappt und beidseitig auf der Bleistiftlinie des Mittelteils angeklebt.
Bemalen Sie die Holzstäbe mit roter Farbe, und fixieren Sie die weißen Holzperlen an den Stabenden. Nun können die Häschen und die Eier mit Perlgarn an den Holzstäben befestigt werden.
Bei der einfacheren Version (s. Abb. unten) werden abwechselnd Hasen und Eier untereinander aufgehängt.

MOTIVHÖHE:
Häschen ca. 10 cm
Ei ca. 7 cm

Zusätzliches Material:

- 6 rote Deko-Schleifen aus Holz
- Rundholzstäbe: ø 3-4 mm: 2 x 15 cm, 1 x 30 cm
- 6 weiße Holzperlen, ø 8 mm
- Rote Wasserfarbe oder Holzbeize
- Weißes Perlgarn

Auf der Schaukel

Malen Sie den Kükenschnabel mit einem Filzstift rot an.
Die Augen sind schwarze Klebepunkte (ø 8 mm).
Schneiden Sie das Schaukelbrett doppelt aus. Als Schaukelseil dient ein 2-3 mm breites Stoffband.
Kleben Sie die beiden Schaukelseile so zwischen die beiden Schaukelbretter, daß die Enden noch leicht überstehen. Nun kann das Küken auf der Schaukel Platz nehmen. Das Schaukelseil wird zusätzlich noch zwischen die Flügel und die separat ausgeschnittenen Flügelspitzen geklebt.

MOTIVHÖHE:
ca. 22 cm

• Hasentreffen unter Tulpen •

Die Tulpenblüten bestehen jeweils aus zwei gleichen Teilen. Ein Teil wird entlang der Strich-Punkt-Linie angeritzt, umgeknickt und mittig auf das zweite Blütenteil geklebt. Bringen Sie nun beidseitig am grünen Bügel die Tulpenblüten und die Marienkäfer an.

Die beiden Hasen sind bis auf die ausgestreckte Pfote identisch. Kleben Sie beidseitig die gestrichelten Teile auf die beiden Hasenkörper. Die Augen sind schwarze und weiße Klebepunkte (ø 8 mm und 12 mm). Trennen Sie die Hinterbeine mit einer schwarzen Filzstiftlinie.

Zusätzliches Material:

- 10 Deko-Marienkäfer aus Holz, 15 mm lang

MOTIVHÖHE: ca. 37 cm

• Ein Tänzchen gefällig? •

MARIENKÄFER

Am schwarzen Marienkäferrumpf werden beidseitig Gesicht und Flügeldecke aufgeklebt. Augen und Flügelpunkte sind schwarze Klebepunkte (ø 8 mm und 18 mm).

Sie können die Marienkäfer separat aufhängen oder auf eine Margerite (siehe „Schmetterlingsreigen“, Seite 31) kleben. Diese werden doppelt ausgeschnitten, versetzt aufeinandergeklebt und auf beiden Seiten mit einer gelben Blütenmitte verziert.

MOBILE

Für das rechts abgebildete Mobile benötigen Sie zwei Käfer. Die Veilchenblüten bekleben Sie beidseitig mit einem gelben Punkt aus Urselle-Papier. Anschließend werden auf die Rundholzstäbe die Holzperlen aufgesteckt. Auf den beiden 18 cm langen Stäben fixieren Sie jeweils zwei Perlen 2 cm von den Stabenden entfernt. Beim dritten Stab (25 cm lang) befindet sich an jedem Stabende eine Perle, die restlichen vier Perlen werden paarweise so auf dem Stab angeordnet, daß zwischen den Perlen bzw. Perlengruppen drei gleich große, freie Abschnitte sind.

Nun werden Käfer und Blüten mit Perlgarn an den Holzstäben befestigt. Oberhalb der Blüten befindet sich jeweils noch eine Perle mit kleiner Bohrung.

Zum Schluß wird das Mobile ausbalanciert.

MOTIVHÖHE:
Margerite ca. 21 cm
Käfer ca. 19 cm

Zusätzliches Material:
- Urselle-Papier in Gelb
- Rundholzstäbe, ø 4 mm: 2 x 18 cm, 1 x 25 cm
- 14 rote Holzperlen, ø 10 mm (große Bohrung)
- 4 rote Holzperlen, ø 8 mm (kleine Bohrung)

MOTIVHÖHE: ca. 65 cm

Auf dem Hühnerhof

(Abbildung Seite 21)

Am weißen Rumpf von Hahn und Hühnern werden beidseitig Kamm, Schnabel, Kehllappen, Flügel und Fuß angebracht. Als Augen dienen schwarze Klebepunkte (ø 8 mm).

Fertigen Sie von der Scheibe eine Schablone an, auf der sämtliche Löcher eingestochen sind. Diese Schablone wird auf die glatte Rückseite der Wellpappe gelegt und der Umriß mit Blei- oder Filzstift nachgezogen. Anschließend stechen Sie die Löcher durch die Schablone in die Wellpappe.

Aus Stabilitätsgründen kleben Sie nun eine zweite Wellpappescheibe (glatte Seite auf glatte Seite) auf die erste. Sollten Sie herkömmliche Wellpappe und keine 3D-Colorwellpappe verwenden, muß die Wellenstruktur auf der Oberseite der zusammengeklebten Kreisscheibe quer zur Wellenstruktur auf der Unterseite verlaufen.

Jetzt werden die Aufhängelöcher ganz durchstochen, das Perlgarn durchgezogen und angeknüpft. Am mittleren Lochpaar befestigen Sie das Garn mit dem Nest. An den vier inneren Lochpaaren werden die Aufhängefäden angebracht und gemeinsam durch eine Holzperle gezogen. Zum Schluß knoten Sie Hahn, Hühner und Eier an die Lochpaare am Kreisrand an.

Unten sehen Sie, daß die Motive auch untereinander aufgehängt schön wirken.

MOTIVHÖHE:
Hahn/Henne ca. 12 cm
Nest ca. 9 cm

Zusätzliches Material:

- 3D-Colorwellpappe in Gelb
- Rote Holzperle oder -olive, ø 1,5 cm
- Perlgarn in Rot und Gelb

MOTIVHÖHE: ca. 50 cm

• Fleißige Osterhasen •

(Abbildung Seite 23)

Zusätzliches Material:

- Rundholzstab, ø 5-6 mm: 47 cm
- 2 naturfarbene Holzperlen, ø 15 mm
- 4 rote Holzperlen, ø 15 mm
- 6 blaue und 8 weiße Deko-Blüten aus Holz, ø 3 cm
- Hellgrüne Wasserfarbe oder Holzbeize
- Gelbes Perlgarn

Kleben Sie beidseitig die gestrichelten Teile auf den Hasenkörper, und malen Sie mit einem feinen, schwarzen Filzstift das Hasengesicht auf.
Für die Schubkarre werden sämtliche Teile doppelt ausgeschnitten und zwei Eier dazwischengeklebt. Schieben Sie einen Hasen zwischen die Holme der Schubkarre, und kleben Sie dann die Vorderbeine an. Der die Schubkarre schiebende Hase wird auf die Grasfläche geklebt. Die beiden Rasenflächen werden mit den Deko-Blüten verziert.
Malen Sie den Rundholzstab grün an. An beiden Enden werden die Holzperlen aufgesteckt und fixiert. Nun werden die Hasen mit Perlgarn am Holzstab befestigt.
Dazwischen bringen Sie noch zwei weitere Fäden an, die beidseitig mit bunten Eiern beklebt werden. Knüpfen Sie nun den Aufhängefaden an. Nun kann das Mobile ausbalanciert werden.

Unten sehen Sie, daß die Motive einzeln aufgehängt auch dekorativ sind.

MOTIVHÖHE:
Hase ca. 21 cm
Hase auf Grünfläche ca. 26 cm

MOTIVHÖHE:
ca. 80 cm

Tanzende Entchen

(Abbildung Seite 25)

Zusätzliches Material:

- 6 rote Deko-Schleifen aus Holz
- 9 rote Holzperlen, ø 5-6 mm
- 9 gelbe Holzperlen, ø 5-6 mm
- 6 blaue Holzperlen, ø 5-6 mm
- Rotes Perlgarn

Die Entchen sind mit denen auf Seite 7 identisch.
Am gelben Entchenkörper werden beidseitig Schnabel, Halsband, Deko-Schleife, Flügel und Füße angebracht. Die Augen sind weiße und schwarze Klebepunkte (ø 8 mm und 12 mm). Binden Sie einen roten Faden an den Entchenkopf, und ziehen Sie fünf Holzperlen (blau – gelb – rot – gelb – rot) auf, bevor Sie ihn an der kleinen Wolke anknüpfen. An einem zweiten Faden, der am oberen Wolkenrand angeknüpft wird, werden drei weitere Perlen aufgezogen (rot – gelb – blau). Diesen Faden befestigen Sie an der großen Wolke.
Für die unten abgebildete Variante kleben Sie hell- und dunkelblaue Wolken im Wechsel und mit Überlappungen von 3-4 cm auf einen 38 cm langen und 4 cm breiten blauen Kartonstreifen.
Zum Einstechen der Aufhängelöcher messen Sie zuerst die Mitte aus und stechen das erste Loch ein. Am oberen Wolkenrand werden jeweils 5 cm von der Mitte entfernt zwei Aufhängelöcher eingestochen und der Faden angeknotet. Es folgen die drei unteren Löcher. Sie beginnen mit dem mittleren Loch und stechen links und rechts nach 13 cm jeweils ein weiteres Loch ein. Nun können die Entchen aufgehängt werden.

MOTIVHÖHE: ca. 15 cm

MOTIVHÖHE:
ca. 60 cm

• Schmetterling auf Tulpe •

MOTIVHÖHE:
ca. 36 cm

Die Augen des Schmetterlings und die Punkte auf seinen Flügeln sind schwarze bzw. weiße Klebepunkte (ø 8 mm). Sind die Augen aufgeklebt, kann das Gesicht aufgemalt werden. Der Schmetterling wird von hinten, und die beiden Hände werden von vorne an der Tulpenblüte befestigt.

• Eifrige Blütenbesucher •

Zusätzliches Material:

- Urselle-Papier in Gelb, Braun und Orange
- Rundholzstab, ø 3-4 mm: 54 cm
- 4 grüne Holzperlen, ø 15 mm
- Grüne Wasserfarbe oder Holzbeize

Auf den gelben Hummelrumpf kleben Sie beidseitig die Streifen aus braunem Urselle-Papier (gestrichelte Linien). Die Augen sind weiße Klebepunkte (ø 12 mm). Malen Sie mit Filzstift das Gesicht auf. Auf dem Hummelrücken befestigen Sie zuerst das Flügelpaar (durchgezogene Linie) und darauf, leicht versetzt, die beiden Einzelflügel (gestrichelte Linie). Bei der auf der Blüte sitzenden Hummel werden nur die beiden Einzelflügel angebracht.

Kleben Sie zwei Blüten versetzt aufeinander, und verzieren Sie die Blütenmitte beidseitig jeweils mit einem Punkt aus Urselle-Papier.

Malen Sie dann den Rundholzstab grün an, und stecken Sie die Holzperlen so auf, daß der Abstand zwischen ihnen gleich groß ist. Nun können Sie die Hummeln und die Blüten daran aufhängen.

MOTIVHÖHE: ca. 65 cm

Osterhase bei der Arbeit

Am Hasenkörper wird beidseitig die weiße Ohrinnenfläche, der Schwanz und die Schürze angebracht. Malen Sie das Hasengesicht auf. Der Pinsel wird nur auf einer Seite unter die Pfote geschoben. Kleben Sie die Eier zwischen zwei gepunktete Eierbecher.

Für die Schmetterlinge ritzen Sie jeweils ein rotes Kartonrechteck (12 cm x 8 cm) in der Mitte an und klappen es um. Nun wird die Schablone des halben Schmetterlings so aufgelegt, daß der Rumpf an der Faltkante anliegt. Zeichnen Sie den Umriß nach, und schneiden Sie den Schmetterling aus.

Der schwarze Rumpf wird mit Filzstift aufgemalt.

Die Punkte auf den Flügeln sind weiße Klebepunkte (ø 8 mm). Die beiden blauen Eier werden mit gelben Klebepunkten (ø 12 mm) bzw. gelben Tonkartonstreifen (1 cm breit) verziert und zusammen mit den Schmetterlingen auf dem Grasbüschel angeordnet. Nun können die Eierbecher und der Hase an das Grasbüschel gehängt werden.

MOTIVHÖHE: ca. 30 cm

Henne mit Küken

Bei der Henne werden sämtliche Teile bis auf den Rumpf (durchgezogene Linie) doppelt benötigt und beidseitig am Rumpf angeklebt.
Die Schnäbel der Küken malen Sie mit einem Filzstift rot an.

Für das Aufmalen der Augen verwenden Sie am besten eine Kreisschablone.

MOTIVHÖHE:
ca. 26 cm

Schaukelndes Kükentrio

Kleben Sie den Kükenschnabel an, und malen Sie die Augen auf. Nun kann das Küken auf die eiförmige Schaukel gesetzt werden. Abschließend kleben Sie noch die Füße an.

MOTIVHÖHE: ca. 12 cm

• Schmetterlingsreigen •

Zusätzliches Material:

- Urselle-Papier in Gelb
- Rundholzstab, ø 5-6 mm: 50 cm
- 6 rote Holzperlen, ø 15 mm
- 6 blaue Holzperlen, ø 8 mm
- 7 rote Holzperlen, ø 8 mm
- 8 gelbe Holzperlen, ø 8 mm
- Blaue Wasserfarbe oder Holzbeize
- Weißes Perlgarn

Schneiden Sie das weiße Blütenteil doppelt aus. Beide Teile werden versetzt aufeinandergeklebt. Die Blütenmitte ziert beidseitig eine gelbe Scheibe aus Urselle-Papier (Radius 2,8 cm). Befestigen Sie den Blütenstiel.

Die Flügel der Falter werden leicht versetzt am Rumpf angebracht. Augen und Flügelpunkte sind Klebepunkte (ø 8, 12 und 18 mm).
Bemalen Sie den Holzstab mit Wasserfarbe oder Holzbeize. Nun werden die großen, roten Holzperlen aufgesteckt. Hängen Sie die Blume und die Falter an Perlgarnfäden auf, und fädeln Sie jeweils vier bunte Holzperlen auf, bevor Sie sie am Holzstab anknüpfen. Jetzt kann der ebenfalls mit Holzperlen verzierte Aufhängefaden angebracht werden. Erst nachdem das Mobile ausbalanciert ist, werden die großen Holzperlen in die richtige Position geschoben und angeklebt.

• Herzige Hasen •

Zuerst werden den beiden Hasen die Augen (weiße Klebepunkte, ø 8 mm) aufgeklebt und die Gesichter aufgemalt. Anschließend befestigen Sie beidseitig die Schwänzchen und die Ohrinnenflächen.

Die Vorder- und Hinterbeine werden in unterschiedlichen Positionen angebracht. Dann können Sie die Hasen in den Rahmen hängen.

MOTIVHÖHE: ca. 37 cm